U0155411

哈哈哈！有趣的动物（第二辑）

单峰驼

〔法〕蒂埃里·德迪厄 著

大南南 译

CNS 湖南教育出版社

·长沙·

通常，从沙丘的顶端一眼望去，
我应该可以看到我的第一只单峰驼。

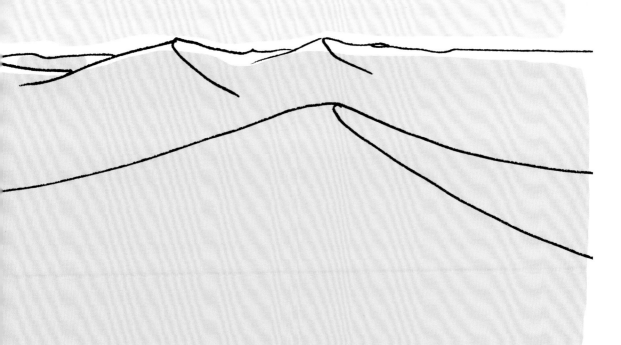

单峰驼是骆驼的一种。

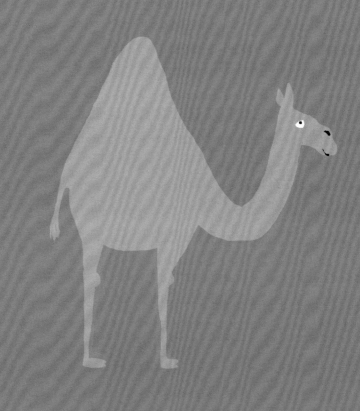

阿拉伯骆驼（单峰驼）

双峰驼

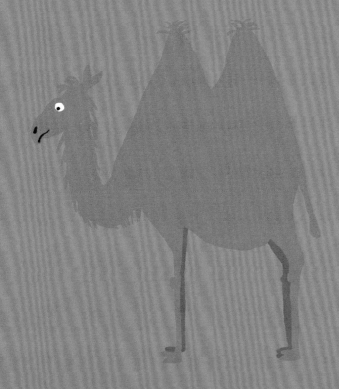

双峰驼

单峰驼主要生活在北非。

双峰驼主要生活在中亚。

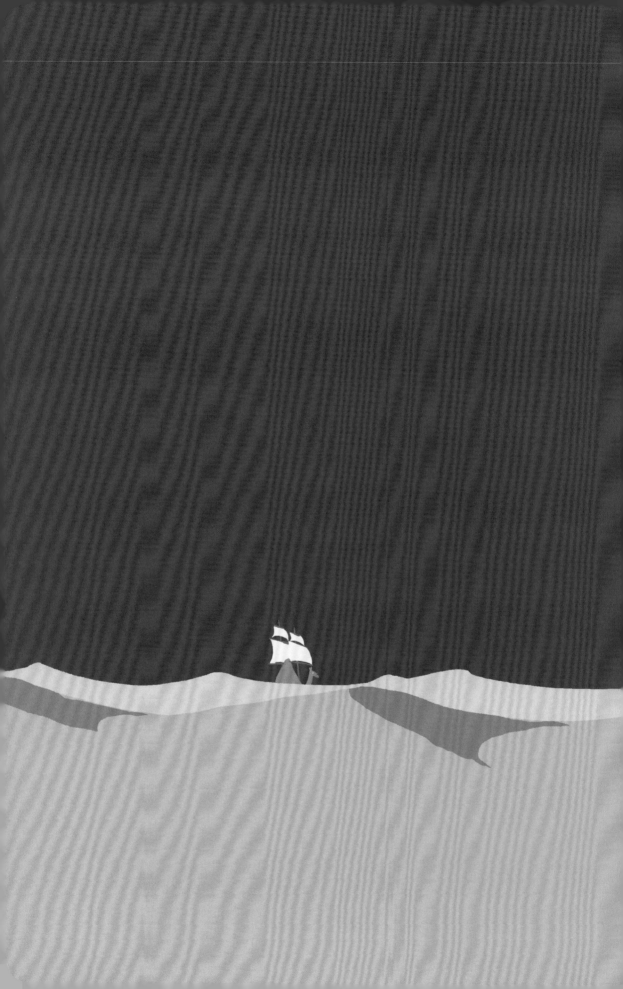

单峰驼不知疲倦，被称为"沙漠之舟"。
它可以连续几天不吃不喝。

单峰驼的脚很特殊，不会陷入沙子中。

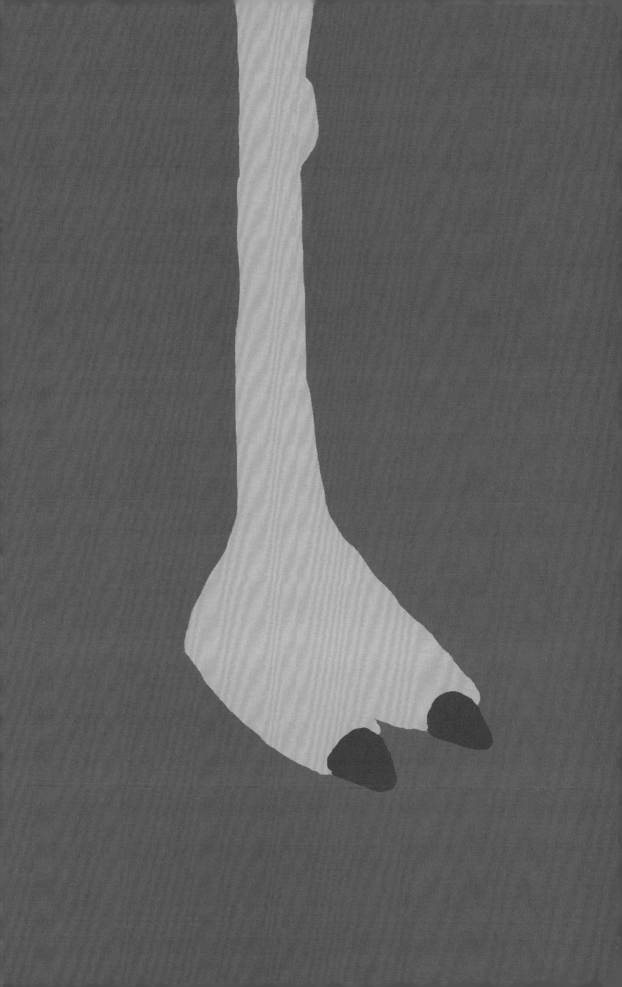

单峰驼是食草动物。

单峰驼是一台吸水器。
它可以在几分钟内喝下 100 多升水。

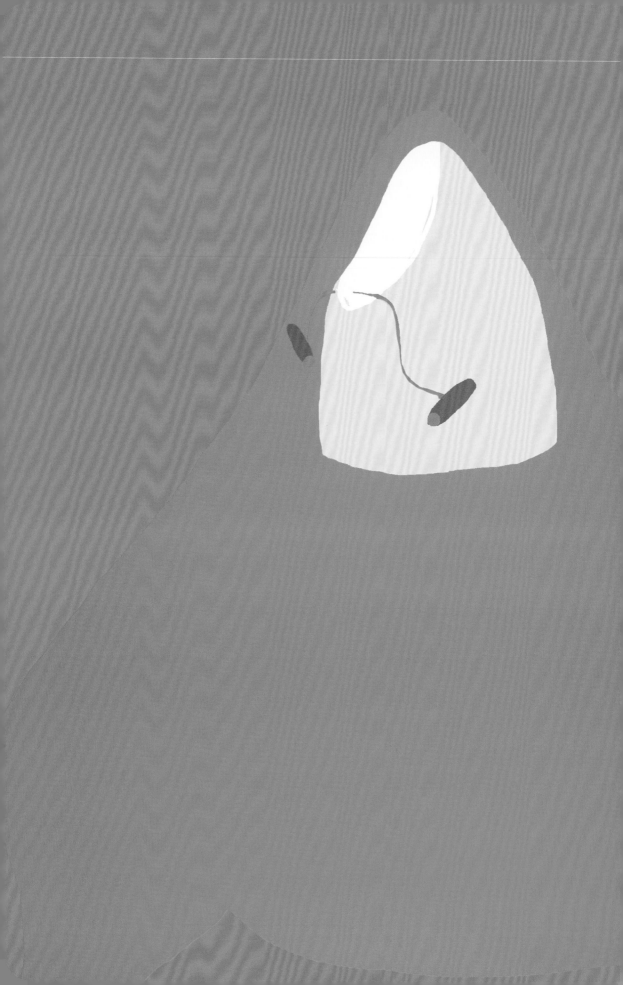

驼峰可以储存脂肪。

骆驼在叫。

单峰驼可以承受 50℃左右的高温。

双峰驼可以抵御零下 40℃ 的严寒。

生活在南美的羊驼是骆驼的近亲。

真讨厌！这是一条高难度雪道！

如何带着一岁的孩子读
《哈哈哈！
有趣的动物》

一岁的孩子就能读科普书？

没错，因为这是永田达爷爷特别为低龄小朋友准备的启蒙科普书。家长们会发现，这本书的文字量很少，画面传递的信息非常精简，但是非常有趣，特别适合爸爸妈妈跟孩子进行亲子阅读。

赶紧和孩子一起打开这本《单峰驼》，跟着永田达爷爷一起来观察单峰驼吧！

请孩子看着图片说一说单峰驼跟双峰驼最大的区别是什么，单峰驼跟羊驼的不同之处又是什么。请孩子数一数骆驼的脚趾有几个。合上书，再请孩子回忆一下，骆驼是食草动物还是食肉动物呢？骆驼能不吃不喝在沙漠里走好几天是因为它能储存大量的水和脂肪，那么是储存在哪里呢？单峰驼和双峰驼谁比较耐热，谁比较耐寒呢？

图书在版编目（CIP）数据

哈哈哈！有趣的动物. 第二辑.单峰驼 /（法）蒂埃里·德迪厄著；
大南南译. 一长沙：湖南教育出版社，2022.11
　ISBN 978-7-5539-9285 3

Ⅰ.①哈… Ⅱ.①蒂… ②大… Ⅲ.①骆驼－儿童读物 Ⅳ.①Q95-49

中国版本图书馆CIP数据核字（2022）第190723号

First published in France under the title:
Le Dromadaire
Tatsu Nagata
© Éditions du Seuil, 2018
著作权合同登记号：18-2022-214

HAHAHA! YOUQU DE DONGWU DI-ER JI DANFENGTUO
哈哈哈！有趣的动物 第二辑　单峰驼

责任编辑：姚晶晶　陈慧娜　李静茹
责任校对：王怀玉
封面设计：熊　婷
出版发行：湖南教育出版社（长沙市韶山北路443号）
电子邮箱：hnjycbs@sina.com
客服电话：0731-85486979
经　　销：湖南省新华书店
印　　刷：长沙新湘诚印刷有限公司
开　　本：787 mm×1092 mm　1/16
印　　张：1.75
字　　数：10千字
版　　次：2022年11月第1版
印　　次：2022年11月第1次印刷
书　　号：ISBN978-7-5539-9285-3
定　　价：152.00 元（全8册）

本书若有印刷、装订错误，可向承印厂调换。